AMUTHALAKSHMI S

Química Inorgânica Farmacêutica

AMUTHALAKSHMI S

Química Inorgânica Farmacêutica

Livro experimental PIOC para I Pharm.D

ScienciaScripts

Imprint

Any brand names and product names mentioned in this book are subject to trademark, brand or patent protection and are trademarks or registered trademarks of their respective holders. The use of brand names, product names, common names, trade names, product descriptions etc. even without a particular marking in this work is in no way to be construed to mean that such names may be regarded as unrestricted in respect of trademark and brand protection legislation and could thus be used by anyone.

Cover image: www.ingimage.com

This book is a translation from the original published under ISBN 978-620-7-46561-3.

Publisher:
Sciencia Scripts
is a trademark of
Dodo Books Indian Ocean Ltd. and OmniScriptum S.R.L publishing group

120 High Road, East Finchley, London, N2 9ED, United Kingdom
Str. Armeneasca 28/1, office 1, Chisinau MD-2012, Republic of Moldova, Europe
Printed at: see last page
ISBN: 978-620-8-07056-4

Conteúdo

PARTE I

ENSAIO LIMITE PARA CLORETOS[1]

Objetivo:

Efetuar o ensaio de limite de cloretos na amostra dada e comunicar a sua norma.

Princípio:

O ensaio limite para a deteção de cloretos baseia-se na conhecida reação entre o nitrato de prata e os cloretos solúveis, formando um precipitado de cloreto de prata insolúvel em ácido nítrico diluído. A opalescência produzida depende da quantidade de cloretos presentes na amostra. A opalescência produzida depende da quantidade de cloretos presentes na amostra e é comparada com a opalescência produzida na solução-padrão que contém a quantidade prescrita de cloretos, tratada de forma semelhante. Se a opalescência no ensaio for inferior ao padrão, a amostra passa o ensaio e é declarada como padrão. Se for superior, não passa no ensaio e é declarado como não-conforme. O ensaio é efectuado em garrafas Nessler.

$$Cl^- + AgNO_3 \longrightarrow AgCl\downarrow + NO_3^-$$

Nitrato de prata   Cloreto de prata

Procedimento:

Pegar em dois cilindros de Nessler de 50 ml. Rotular um como "Padrão" e o outro como "Teste".

S.N.	Padrão	Teste
1.	Pipetar 10 ml de solução-padrão de cloreto (25 ppm Cl) para a proveta de Nessler. Adicionar 5 ml de água	Dissolver a quantidade especificada da substância ou tomar o volume especificado da solução, conforme indicado na monografia, no cilindro de Nessler.
2.	Adicionar 10 ml de ácido nítrico diluído	Adicionar 10 ml de ácido nítrico diluído
3.	Diluir a 50 ml com água	Diluir a 50 ml com água
4.	Adicionar 1 ml de solução de nitrato de prata 0,1 M	Adicionar 1 ml de solução de nitrato de prata 0,1 M
5.	Agitar imediatamente com uma vareta de vidro e deixar repousar durante 5 minutos ao abrigo da luz (manter num local escuro).	Agitar imediatamente com uma vareta de vidro e deixar repousar durante 5 minutos ao abrigo da luz (manter num local escuro).

Observação:

Relatório:

TESTE LIMITE PARA SULFATOS[2]

Objetivo:

Efetuar o ensaio de limite de sulfatos na amostra dada e comunicar a sua norma.

Princípio:

O ensaio de limite para o sulfato baseia-se na reação entre o cloreto de bário e os sulfatos solúveis na presença de cloridrato diluído ou de ácido acético diluído. A turvação produzida no ensaio é comparada com a turvação produzida no padrão contendo uma quantidade conhecida de sulfato e tratado de forma semelhante. Reagente de sulfato de bário, que contém cloreto de bário, álcool isento de sulfato e uma pequena quantidade de sulfato de potássio. A inclusão de uma pequena quantidade de sulfato de potássio no reagente aumenta a sensibilidade do teste. O álcool evita a supersaturação e produz uma turvação mais uniforme. Se a turvação produzida no ensaio for inferior à norma, o ensaio é aprovado; se for superior, o ensaio é reprovado.

$$SO_4^{2-} + BaCl_2 \longrightarrow BaSO_4\downarrow + 2Cl^-$$

Cloreto de   bárioSulfato de bário

Procedimento:

Pegar em dois cilindros de Nessler de 50 ml. Rotular um como "Padrão" e o outro como "Teste".

S.N.	Padrão	Teste
1.	Pipetar para o cilindro de Nessler 1,5 ml de solução-padrão etanólica de sulfato em SO_4 (10 ppm).	Pipetar para o cilindro de Nessler 1,5 ml de solução-padrão etanólica de sulfato em SO_4 (10 ppm).
2.	Adicionar 1 ml de solução a 25% p/v de cloreto de bário, misturar bem e deixar repousar durante 1 minuto.	Adicionar 1 ml de solução a 25% p/v de cloreto de bário, misturar bem e deixar repousar durante 1 minuto.
3.	Pipetar para esta solução 15 ml de solução-padrão de sulfato (10 ppm SO_4)	Pipetar para esta solução 15 ml de solução da substância preparada de acordo com as instruções da monografia.
4.	Adicionar água destilada suficiente para obter 50 ml.	
5.		

Agitar imediatamente com uma vareta de vidro e deixar repousar durante 5 minutos	Adicionar água destilada suficiente para obter 50 ml. Agitar imediatamente com uma vareta de vidro e deixar repousar durante 5 minutos.

Observação:

Relatório:

Objetivo:

Efetuar o ensaio limite para o ferro na amostra dada e comunicar a sua norma.

Princípio:

O teste depende da reação entre o ferro ferroso e o ácido tioglicólico na presença de amoníaco, quando é produzida uma cor rosa pálido a púrpura avermelhada profunda. O ião férrico é reduzido a ferro ferroso pelo ácido tioglicólico e o composto produzido é o tioglicolato ferroso. O ácido cítrico forma um complexo solúvel com o ferro e impede a sua precipitação pelo amoníaco sob a forma de hidróxido ferroso. O tioglicolato ferroso é incolor em soluções neutras ou ácidas. A cor só se desenvolve na presença de álcalis. É estável na presença de ar, mas desvanece-se quando exposto ao ar devido à oxidação do composto férrico. Por conseguinte, as cores devem ser comparadas imediatamente após o tempo concedido para o desenvolvimento completo da cor. Dá-se a seguinte reação

$$2Fe^{3+} + 2CH_2SH.COOH \longrightarrow 2Fe^{2+} + S.CH_2.COOH$$

Ferric .... Ferrous

$$S.CH_2.COOH$$

Thioglycollic acid

$$2Fe^{2+} + 2CH_2SH.COOH \longrightarrow$$

CH$_2$SH .... OOC

Fe

COO .... SH CH$_2$

Ferrous thioglycollate
(Coordination compound)

Ihioglicolato de feno (composto de coordenação)

Procedimento: Pegar em dois cilindros de Nessler de 50 ml. Rotular um como

"Padrão" e o outro como "Teste".

S.N.	Padrão	Teste
1.	Diluir 2 ml de solução padrão de ferro (20 ppm Fe) com 20 ml de água num cilindro de Nessler.	Dissolver, num cilindro de Nessler, uma quantidade especificada da substância em 20 ml de água indicada na monografia.
2.	Adicionar 2 ml de uma solução a 20% p/v de ácido cítrico isento de ferro e 0,1 ml de ácido tioglicólico e misturar.	Adicionar 2 ml de uma solução a 20% p/v de ácido cítrico isento de ferro e 0,1 ml de ácido tioglicólico e misturar.
3.	Alcalinizar com uma solução de amoníaco sem ferro	Alcalinizar com uma solução de amoníaco sem ferro
4.	Diluir a 50 ml com água	Diluir a 50 ml com água
5.	Deixar repousar durante cinco minutos	Deixar repousar durante cinco minutos

Observação:

Relatório:

ENSAIO LIMITE PARA METAIS PESADOS[4]

Objetivo:

Efetuar o teste de limite para metais pesados na amostra dada e comunicar o seu padrão.

Princípio:

Este teste é utilizado para controlar as impurezas metálicas fisiologicamente nocivas como Pb, Bi, Hg, Sb, Cd, Ni, Co, Cr, etc. A contaminação por metais pesados é testada a partir da sua reação com o sulfureto. O teste específico para o chumbo também é utilizado para o seu controlo nos compostos que são necessários para a administração a longo prazo. O ensaio de limite de metais pesados baseia-se na formação de uma cor castanha devido à precipitação dos sulfuretos metálicos a um pH de 3,5 ou próximo. A solução de ensaio é comparada com a solução padrão que contém chumbo. A substância em estudo pode afetar a cor produzida com o reagente de sulfureto, interferir com a precipitação do sulfureto metálico ou a própria droga pode ser precipitada. A farmacopeia inclui quatro procedimentos de ensaio modificados, como os métodos A, B, C e D.

O método A é utilizado para as substâncias que dão origem a soluções límpidas nas condições gerais de ensaio. O método B é utilizado para as substâncias que não dão facilmente soluções aquosas límpidas. Neste método, a amostra é digerida com ácido sulfúrico/ácido nítrico e incinerada até à formação de cinzas. Após tratamento com ácido clorídrico e amoníaco, é finalmente tratada com soluções de H_2S. Este método é aplicado às substâncias coradas. Em ambos os métodos, a reação seguida é a seguinte

Metais pesados+H2S $\longrightarrow$ **Sulfuretos de metais pesados**

O método C é utilizado no caso de substâncias insolúveis em água mas solúveis em hidróxido de sódio. Esta reação baseia-se na reação de impurezas de metais pesados com sulfureto de sódio em meio alcalino.

Metais pesados +H2S $\longrightarrow$ **Sulfuretos de metais pesados**

O método D utiliza o reagente tioacetamida. Neste caso, o agente precipitante NaSH é gerado imediatamente antes da utilização, através do aquecimento da tioacetamida com uma solução de hidróxido de sódio.

Procedimento: Pegar em dois cilindros de Nessler de 50 ml. Rotular um como "Padrão" e o outro como "Teste".

S.N.	Solução padrão	Solução de teste
1.	Pipetar 2 ml de solução-padrão de chumbo (20 ppm Pb) para a proveta de	Colocar no cilindro de Nessler 25 ml da solução preparada para o ensaio, de

	Nessler e diluir com água destilada até 25 ml	acordo com as instruções da monografia individual.
2.	Ajustar com ácido acético diluído Sp ou com solução de amoníaco diluída Sp a um pH entre 3 e 4	Ajustar com ácido acético diluído Sp ou com solução de amoníaco diluída Sp a um pH entre 3 e 4
3.	Diluir com água até cerca de 35 ml e misturar	Diluir com água até cerca de 35 ml e misturar
4.	Adicionar 10 ml de solução de sulfureto de hidrogénio recentemente preparada e misturar	Adicionar 10 ml de solução de sulfureto de hidrogénio recentemente preparada e misturar
5.	Diluir com água até 50 ml e deixar repousar durante cinco minutos	Diluir com água até 50 ml e deixar repousar durante cinco minutos

Observação: Relatório:

TESTE LIMITE PARA O ARSÉNIO[5]

Objetivo:

Efetuar o ensaio-limite para o arsénio na amostra dada e comunicar a sua norma.

Princípio:

A substância em estudo é dissolvida em ácido clorídrico ou é acidificada uma solução aquosa ou um extrato. Algumas substâncias têm de ser especialmente tratadas para tornar a solução adequada para o ensaio. O arsénio presente na amostra é convertido em ácido arsenioso ou em ácido arsénico, dependendo do estado de valência. Em seguida, é tratado com um agente redutor, como o ácido clorídrico estanado. (Cloreto estanoso misturado com ácido clorídrico). O ácido arsénico é reduzido a ácido arsenioso.

$$H_3ASO_4 \longrightarrow H_3AsO_3$$

Ácido arsénicoÁcido arsénico

O iodeto de potássio, também adicionado, forma o ácido hidriódico, que também reduz o ácido arsénico a ácido arsenioso. O ácido arsenioso é ainda reduzido a arsina pelo hidrogénio nascente produzido pela ação do zinco granulado e do ácido clorídrico.

$$H_3ASO_3 + 6H \longrightarrow AsH_3 + 3H_2O$$

Ácido arseniosoArsina

Quando a arsina entra em contacto com papel seco saturado com cloreto de mercúrio, produz uma mancha amarela.

$$2AsH_3 + HgCl_2 \longrightarrow \text{mancha amarela ou castanha} + 2 HCl$$

Cloreto de mercúrio

A intensidade da mancha é comparada à luz do dia com uma mancha padrão que é preparada de forma semelhante e simultaneamente, tomando uma quantidade especificada de solução diluída de arsénio em vez da substância de ensaio. Se a mancha de ensaio for inferior à mancha padrão, a amostra em causa é aprovada no ensaio.

Procedimento:

Pegar em dois aparelhos de gutzeit. Rotule um como "Standard" e o outro como "Test".

S.N.	Padrão	Teste
1.	Introduzir no frasco ou balão, com precisão, 1 ml de solução-padrão de arsénio (10 ppm). Adicionar 50 ml de água.	Pesar com exatidão 10 g da amostra e dissolvê-la em 50 ml de água. Transferir para o frasco ou balão.
2.	Adicionar 10 ml de ácido clorídrico	Adicionar 10 ml de ácido clorídrico

	estanado AsT.	estanado AsT.
3.	Adicionar 5 ml de iodeto de potássio 1M e 10g de AsT de zinco.	Adicionar 5 ml de iodeto de potássio 1M e 10g de AsT de zinco.
4.	Colocar imediatamente a rolha sobre a garrafa com os acessórios e mergulhar a garrafa num banho de água a uma temperatura adequada.	Colocar imediatamente a rolha sobre a garrafa com os acessórios e mergulhar a garrafa num banho de água a uma temperatura adequada.
5.	Deixar a reação decorrer durante quarenta minutos.	Deixar a reação decorrer durante quarenta minutos.

Observação:

Relatório:

ENSAIO LIMITE MODIFICADO PARA A DETECÇÃO DE CLORETOS E SULFATOS EM PERMANGANATO DE POTÁSSIO[6]

Objetivo:

Determinar se a amostra dada de permanganato de potássio está ou não em conformidade com o ensaio limite para cloretos e sulfatos.

Princípio:

A preparação da solução de ensaio necessária nos ensaios-limite depende da natureza da substância a ensaiar. Por exemplo, as substâncias insolúveis em ácido são fervidas com a mistura de água e ácido nítrico diluído, a solução é filtrada e o ensaio é aplicado ao filtrado. Os sais metálicos de ácidos aromáticos são acidificados com ácido nítrico e o ensaio é aplicado ao filtrado. As substâncias coradas, por exemplo, o permanganato de potássio, são descoloridas e o ensaio é aplicado ao filtrado. Todas estas são apenas as modificações disponíveis para a preparação de soluções de ensaio. No entanto, os respectivos ensaios limite são sempre efectuados, na medida do possível, nas mesmas condições.

Procedimento:

Dissolver 1,5 g da amostra em 50 ml de água destilada, aquecer em banho-maria e adicionar gradualmente 6 ml de etanol (95%), arrefecer, diluir a 60 ml com água destilada e filtrar (o filtrado deve ser incolor).

O permanganato de potássio é descolorido por redução com etanol, filtrado do dióxido de manganês precipitado e o ensaio é aplicado ao filtrado.

$$2KMnO_4 + 3C_2H_5OH \longrightarrow 2MnO_2 + 2KOH + 2H_2O + 3CH_3CHO$$

Cloretos: 40 ml do filtrado estão em conformidade com o teste limite para cloretos (250ppm)

Observação:

Relatório:

Sulfatos: 10 ml do filtrado estão em conformidade com o teste limite para sulfatos (600ppm)

Observação:

Relatório:

PARTE II

ANÁLISE QUANTITATIVA

DOSEAMENTO DO CLORETO DE AMÓNIO[7]

Objetivo :

Estimar a percentagem de pureza do cloreto de amónio presente na amostra dada.

Produtos químicos necessários:

Hidrogenoftalato de potássio

Hidróxido de sódio

Fenolftaleína

Cloreto de amónio

Princípio:

Método: **Titulação ácido-base**

O formaldeído, previamente neutralizado em fenolftaleína, é adicionado a uma solução da substância. O ácido clorídrico libertado é titulado com NaOH 0,1M utilizando fenolftaleína como indicador.

$$4NH_4Cl + 6HCHO \longrightarrow CH_2)_6 N_4 + 4HCl + 6H_2O$$

Cloreto de amónioHexamina

$$HCl + NaOH \longrightarrow NaCl + H_2O$$

Procedimento:

Preparação de NaOH 0,1M

Pesar cerca de 4gms de hidróxido de sódio e dissolver em água sem CO_2 suficiente para produzir 1000ml.

Padronização de NaOH 0,1M:

Pesar com precisão cerca de 0,5 g de hidrogenoftalato de potássio, previamente pulverizado e seco a 120° durante 2 horas, e dissolver em 75 ml de água. Adicionar 0,1 ml de solução de fenolftaleína e titular com solução de hidróxido de sódio até obter uma cor rosa pálido permanente. Cada ml de NaOH 0,1M equivale a 0,2042 g de ftalato de hidrogénio de potássio (peso molecular do ftalato de hidrogénio de potássio = 204,2 g).

Padronização de NaOH 0,1M

S.N.	Conteúdo do frasco cónico	Leituras da bureta (ml)		Volume de Titulante (ml)	Indicador	Ponto final
		Inicial	Final			

Molaridade do NaOH = <u>Peso da amostra colhida X Molaridade esperada</u>

Valor do título x Peso molecular

Ensaio:

Pesar com precisão cerca de 0,1 g de cloreto de amónio e dissolvê-lo em 20 ml de água, adicionar uma mistura de 5 ml de solução de formaldeído previamente neutralizada com solução de fenolftaleína e, após 2 minutos, titular lentamente com NaOH 0,1 M, utilizando mais 0,2 ml de solução diluída de fenolftaleína como indicador. Cada ml de NaOH 0,1M é equivalente a 0,005349g de NH4Cl.

Composição do cloreto de amónio:

S.N.	Conteúdo do frasco cónico	Leituras da bureta (ml)		Volume de Titulante (ml)	Indicador	Ponto final
		Inicial	Final			

Percentagem de pureza de=   **Valor do título X Molaridade real X Fator de peso da equação X 100**

Cloreto de amónio

     Peso da amostra colhida X Molaridade esperada

Relatório:

A percentagem de pureza da amostra de cloreto de amónio é a seguinte

DOSEAMENTO DO SULFATO FERROSO[8]

Objetivo:

Determinar a percentagem de pureza de uma determinada amostra de sulfato ferroso.

Produtos químicos necessários:

Sulfato ferroso

Sulfato de amónio cérico

Ácido sulfúrico

Sulfato de ferroína

Princípio:

Método: Titulação redox (Cerimetria)

O sulfato ferroso pode ser doseado por titulação com sulfato cérico de amónio, utilizando como indicador uma solução de ferroína. O sulfato cérico de amónio oxida o sulfato ferroso em meio ácido, de preferência em meio de ácido sulfúrico, em sulfato férrico.

$$Fe^{2+} + Ce^{4+} \longrightarrow Fe^{3+} + Ce^{3+}$$

FerrousFerric

$$2FeSO_4+2(NH_4)_2Ce(SO_4)_3 \longrightarrow Fe_2(SO_4)_3+2(NH_4)_2SO_4+Ce_2(SO_4)_3$$

Sulfato ferroso Sulfato cérico de amónioSulfato ferroso   Sulfato cérico

Procedimento;

Preparação de 0,1M de sulfato de amónio cérico

Dissolver 65 g de sulfato de amónio cérico, com a ajuda de calor suave, numa mistura de 30 ml de ácido sulfúrico e 500 ml de água, arrefecer e filtrar se a solução estiver turva e diluir para 1000 ml com água.

Normalização do sulfato de amónio cérico 0,1M

Pesar com exatidão cerca de 0,5 g de sulfato ferroso de amónio num erlenmeyer, adicionar 20 ml de ácido sulfúrico diluído e 30 ml de água e titular com sulfato cérico de amónio utilizando ferroína como indicador. Cada ml de sulfato de amónio cérico 0,1M é equivalente a 0,03921 g de sulfato de amónio ferroso.

Normalização do sulfato de amónio cérico 0,1M

S.N.	Conteúdo do frasco cónico	Leituras da bureta (ml)		Volume de Titulante (ml)	Indicador	Ponto final
		Inicial	Final			

Molaridade do sulfato de amónio cérico=

Wt. of sample taken X Expected Molarity
Titer Value x Equivalent Weight Factor

Peso da amostra colhida X Molaridade esperada Valor do título x Fator de peso equivalente

Determinação do teor de sulfato ferroso:

Pesar cerca de 1 g de sulfato ferroso num erlenmeyer, adicionar 30 ml de água e 20 ml de ácido sulfúrico diluído e titular com sulfato de amónio cérico 0,1 M utilizando ferroína como indicador. O aparecimento de cor verde indica o ponto final. Cada ml de sulfato de amónio cérico 0,1M é equivalente a 0,02788 g de sulfato ferroso.

Ensaio do sulfato ferroso

S.N.	Conteúdo do frasco cónico	Leituras da bureta (ml)		Volume de Titulante (ml)	Indicador	Ponto final
		Inicial	Final			

Percentagem de pureza

de sulfato ferroso

$$= \frac{\text{Titer Value } \times \text{ Actual Molarity} \times \text{ Eq.Wt.Facctor } \times 100}{\text{Weight of Sample Taken } \times \text{ Expected Molarity}}$$

$$\frac{\text{Valor do título x Molaridade real X Eq.Wt.Facctor X 100}}{\text{Peso da amostra colhida X Molaridade esperada}}$$

Relatório: Verificou-se que a percentagem de pureza da amostra de sulfato ferroso em causa é

DOSEAMENTO DO SULFATO DE COBRE[9]

Objetivo:

Determinar a percentagem de pureza de uma determinada amostra de sulfato de cobre.

Produtos químicos necessários:

Brometo de potássio

Iodeto de potássio

Ácido clorídrico 2M

Ácido acético

Tiocianato de potássio

0,1M de tiocianato de sódio

Princípio:

Método: Iodometria

O CuSO4 é determinado por iodometria. A determinação do CuSO4 depende da instabilidade do iodeto cúprico formado pela reação entre o sulfato de cobre e o iodeto de potássio na presença de ácido acético.

$$2CuSO_4 + 4KI \longrightarrow 2CuI_2 + 2K_2SO_4$$

Sulfato de cobre   Iodeto de cobre

O iodeto cúprico, instável, decompõe-se em iodeto cuproso e iodo.

$$2CuI_2 \longrightarrow 2CuI + I_2$$

Esta reação é reversível; o iodo libertado é titulado com tiossulfato de sódio utilizando mucilagem de amido como indicador até ao ponto final. Adiciona-se tiocianato de potássio para converter o iodeto cuproso em tiocianato cuproso, o que impede a reação inversa. A titulação prossegue até ao desaparecimento da cor azul. O tiocianato de potássio só é adicionado no final da titulação, caso contrário o iodo será absorvido pelo tiocianato cuproso.

$$I_2 + 2Na_2S_2O_3 \longrightarrow Na_2SO_4O_6 + 2NaI$$

tiossulfato de sódio   tetrationato de sódio

$$CuI + KSCN \longrightarrow CuSCN + KI$$

Procedimento:

Padronização do tiossulfato de sódio 0,1M:

Pesar com exatidão cerca de 0,2 g de bromato de potássio em 250 ml de um balão normalizado e adicionar água suficiente para obter 250 ml. A 50 ml desta solução, adicionar 2 g de iodeto de potássio e 3 ml de HCl 2M e titular com tiossulfato de sódio, utilizando como indicador a solução de amido adicionada no final da titulação, até à saída da cor azul. Cada ml de Na2S2O3 0,1M é equivalente a 0,002784gm de KBrO3.

Padronização do tiossulfato de sódio 0,1M:

S.N.	Conteúdo do frasco cónico	Bureta Reanúncios (ml)		Volume do titulante (ml)	Indicador	Ponto final
		Inicial	Final			

Molaridade do tiossulfato de sódio 0,1M = <u>Peso da amostra colhida X Molaridade prevista X 50</u>

$$\qquad\qquad\qquad\qquad\qquad \text{Valor do título x Fator de peso equivalente 250}$$

Determinação do teor de sulfato de cobre:

Pesar com exatidão cerca de 1 g de amostra e transferi-la para um erlenmeyer limpo. Adicionar 50 ml de água para dissolver e adicionar 5 g de iodeto de potássio e 5 ml de ácido acético. Titular o iodo libertado com tiossulfato de sódio 0,1 M utilizando mucilagem de amido como indicador. Cada ml de Na2S2O3 0,1M é equivalente a 0,02497 g de CuSO4.

Determinação do teor de sulfato de cobre

S.N.	Conteúdo do frasco cónico	Leituras da bureta (ml)		Volume do titulante (ml)	Indicador	Ponto final
		Inicial	Final			

Percentagem de pureza =

$$\frac{\textbf{Titer Value x Actual Molarity X Eq.Wt.Factor} \quad \textbf{X 100}}{\textbf{Weight of Sample Taken X Expected Molarity}}$$

Valor do título x Molaridade real X Fator de peso equivalente X 100 de sulfato de cobre

Peso da amostra colhida X Molaridade esperada

Relatório: A percentagem de pureza da amostra dada de sulfato de cobre foi de

DOSEAMENTO DO GLUCONATO DE CÁLCIO[10]

Objetivo:

Determinar a percentagem de pureza da amostra dada de gluconato de cálcio

Produtos químicos necessários:

Sulfato de magnésio Solução forte de amoníaco Mordente negro II

Gluconato de cálcio 0,05M EDTA

Princípio:

Método: Complexometria

É doseado por complexometria - método de titulação direta. Alguns iões metálicos, como o cálcio, apresentam um ponto final fraco se forem titulados diretamente, pelo que se utiliza a titulação de substituição. Neste caso, é adicionado outro ião metálico, por exemplo, uma solução de sulfato de magnésio 0,05M. Nestas condições, o negro mordente II é um indicador adequado. Na gama de pH 7-11, este indicador é azul e forma complexos vermelhos com os metais. Utiliza-se uma mistura-tampão de amoníaco e solução de cloreto de amónio para manter o pH em cerca de 10, uma vez que neste pH apenas ocorre a complexação. O valor da titulação em branco é detectado a partir do valor do título do gluconato de cálcio.

EDTA Complexo cálcio-EDTA

Procedimento:

Preparação de EDTA 0,05M:

Dissolver 37,2 g de EDTA dissódico em água suficiente para produzir 2000 ml.

Padronização do EDTA 0,05M:

Pesar com exatidão cerca de 0,3 g de sulfato de magnésio, adicionar 50 ml de água, 10 ml de tampão pH 10 e titular com EDTA 0,05 M utilizando o mordente preto II como indicador. Cada ml de EDTA 0,05M é equivalente a 0,0123g de $MgSO_4$.

Padronização do EDTA 0,05M:

S.N.	Conteúdo do frasco cónico	Leituras da bureta		Volume de Titulante	Indicador	Ponto final
		Inicial	Final			

Molaridade do EDTA 0,05M = <u>Peso da amostra colhida X Molaridade esperada</u>

Valor do título x Fator de peso equivalente

Dosagem do gluconato de cálcio:

Pesar com precisão cerca de 0,5 g de gluconato de cálcio, dissolver em 50 ml de água e adicionar 5 ml de sulfato de magnésio 0,05 M e 10 ml de solução de amoníaco forte. Titular com EDTA 0,05M utilizando o mordente preto II como indicador, efetuar a determinação em branco. Cada ml de EDTA 0,05M é equivalente a 0,02242 g de gluconato de cálcio.

Composição do gluconato de cálcio

S.N.	Conteúdo do frasco cónico	Leituras da bureta		Volume do titulante (ml)	Indicador	Ponto final
		Inicial	Final			

Percentagem de pureza = Valor do título x Molaridade real X Fator de peso da equação

X 100 de gluconato de cálcio

Peso da amostra colhida X Molaridade esperada

DOSEAMENTO DO PERÓXIDO DE HIDROGÉNIO[11]

Objetivo:

Determinar a percentagem de pureza de uma determinada amostra de peróxido de hidrogénio.

Produtos químicos necessários:

Peróxido de hidrogénio

Ácido oxálico

Permanganato de potássio

Princípio:

Uma mistura de solução de peróxido de hidrogénio e ácido sulfúrico diluído é titulada com permanganato de potássio. O peróxido de hidrogénio é oxidado pelo permanganato de potássio em água e oxigénio. O permanganato de potássio actua como um auto-indicador.

$$2KMnO_4 + 3H_2SO_4 + 5H_2O_2 \longrightarrow K_2SO_4 + 2KMnSO_4 + 8H_2O + 5O_2$$

Permanganato de   potássioSulfato de potássio

Procedimento:

Preparação de KMnO4 0,1N:

Dissolver 3,2 g de permanganato de potássio em 1000 ml de água, aquecer em banho-maria durante 1 hora, deixar repousar durante dois dias e filtrar com lã de vidro.

Padronização do KMnO4 0,1N:

Pesar exatamente cerca de 0,63 g de ácido oxálico e transferir para um balão normalizado de 100 ml. Adicionar água suficiente para dissolver e perfazer o volume. Tapar o balão e agitar bem. Pipetar 20 ml da solução-padrão de ácido oxálico para um erlenmeyer limpo, adicionar 20 ml de ácido sulfúrico diluído, aquecer a solução a 70° C e titular com KMnO4 0,1 N até ao aparecimento de uma cor rosa pálido permanente. Repetir a titulação para obter os valores concordantes. Cada ml de KMnO4 0,1N é equivalente a 0,0315 g de ácido oxálico.

Padronização do KMnO4 0,1N:

S.N. -	Conteúdo do frasco cónico	Leituras de buretas (ml)		Volume do titulante (ml)	Indicador	Ponto final

Molaridade do KMnO4   **Peso da amostra colhida X Molaridade prevista**

Valor do títuloX Fator de peso equivalente

Ensaio da solução de peróxido de hidrogénio:

Pipetar 10 ml de uma dada solução de peróxido de hidrogénio (solução a 30% p/v) para um balão volumétrico de 250 ml limpo. Completar o volume com água destilada, tapar o balão e agitar bem. Pipetar 25 ml desta solução para um erlenmeyer e adicionar 5 ml de ácido sulfúrico 5 N. Titular com KMnO4 0,1 N padrão até ao aparecimento de uma cor rosa pálido permanente. Cada ml de KMnO4 0,1N é equivalente a 0,0170 g de H2O2.

Ensaio do peróxido de hidrogénio

S.N.	Conteúdo do frasco cónico	Leituras da bureta		Volume do titulante (ml)	Indicador	Ponto final
		Inicial	Final			

Percentage Purity= $\dfrac{\text{Titer Value x Actual Molarity X Eq.Wt.Factor X 100}}{\text{Weight of Sample Taken X Expected Molarity}} \times \dfrac{25}{250}$
of Hydrogen Peroxide

Percentagem de pureza= Valor do título x Molaridade real X Fator de peso da equação X 100 X 25 de peróxido de hidrogénio250

Peso da amostra colhida X Molaridade esperada

Relatório: A percentagem de pureza do peróxido de hidrogénio foi de

DOSEAMENTO DO CLORETO DE SÓDIO[12]

Ex. Nº:12Data   :

Objetivo:

Determinar a percentagem de pureza de uma determinada amostra de cloreto de sódio.

Produtos químicos necessários:

Tiocinato de amónio

Ácido nítrico

Sulfato férrico de amónio

Ftalato de dibutilo

Princípio:

O cloreto de sódio é calculado pelo **método de Volhard modificado**. A solução de cloreto é tratada com um excesso conhecido de solução padrão de nitrato de prata. O cloreto de sódio reage quantitativamente com o nitrato de prata. O excesso de nitrato de prata é determinado por titulação com uma solução-padrão de tiocianato de amónio, utilizando sulfato férrico de amónio como indicador. Este método é um exemplo de método de titulação de retorno. No ensaio, adiciona-se ftalato de dibutilo para coagular o precipitado de cloreto de prata, impedindo assim a sua reação com o tiocianato. Quando a reação está completa, um ligeiro excesso de tiocianato produz uma coloração castanha avermelhada devido à formação de tiocianato férrico.

$$AgNO_3 \;+\; NaCl \longrightarrow AgCl \downarrow \;+\; NaNO_3$$

Nitrato de prata Cloreto de sódio   Cloreto de prata

$$AgNO3 + NH4SCN \longrightarrow AgSCN\ {}_{+NH4NO3}$$

Tio de amónioTio de prata

cianato   cianato

$$FeNH4(SO4)2+ 3\ NH4SCN \longrightarrow Fe(SCN)3+ 2\ {}_{(NH4)2SO4}$$

Amónio férricoTio férrico

sulfato-cianato

Preparação de tiocianato de amónio 0,1 M:

Dissolver 7,61 g de tiocianato de amónio em 1000 ml de água destilada

Padronização do tiocianato de amónio 0,1 M:

Pipetar 30 ml de nitrato de prata 0,1 M para um balão com rolha de vidro. Diluir com 50 ml de água, adicionar 2 ml de ácido nítrico e 2 ml de indicador sulfato férrico de amónio e titular com tiocianato de amónio 0,1 M. O ponto final é o aparecimento de cor vermelha. Cada ml de tiocianato de amónio 0,1 M é equivalente a 0,007612 g de nitrato de prata 0,01 m.

Padronização do tiocianato de amónio 0,1 M:

S.N.	Conteúdo do frasco cónico	Leituras da bureta (ml)		Volume de Titulante (ml)	Indicador	Ponto final
		Inicial	Final			

Molaridade do tiocianato de amónio 0,1 M = <u>Peso da amostra colhida X Molaridade esperada</u> Valor do título x Fator de peso equivalente

Determinação do teor de cloreto de sódio:

Pesar com exatidão cerca de 0,1 g de cloreto de sódio e dissolvê-lo em 50 ml de água. Adicionar 50 ml de AgNO3 0,1M, 5 ml de ácido nítrico, 2 ml de ftalato de dibutilo e 2 ml de indicador sulfato férrico de amónio. Agitar bem e titular com tiocianato de amónio 0,1M. Cada ml de tiocianato de amónio 0,1 M é equivalente a 0,005844 g de cloreto de sódio.

Composição do cloreto de sódio

S.N.	Conteúdo do frasco cónico	Leituras da bureta		Volume do titulante (ml)	Indicador	Ponto final
		Inicial	Final			

A percentagem de pureza= Valor do título X Molaridade real X Fator de peso da equação X 100 de cloreto de sódio

Peso da amostra colhida X Molaridade esperada

Relatório: A percentagem de pureza da amostra dada de cloreto de sódio foi de

DOSEAMENTO DO TARTARATO DE ANTIMÓNIO E POTÁSSIO[13]

Objetivo:

Determinar a percentagem de pureza da amostra dada de tartarato de antimónio e potássio.

Princípio:

O tartarato de antimónio e potássio é muito solúvel em água e comporta-se em solução como uma mistura de tartarato ácido de potássio e trióxido de antimónio.

2C4H4O7SbK ⟶ · Sb2O3

Tartarato de antimónio e   potássioTrióxido de antimónio

Após titulação com solução padrão de iodo, o trióxido de antimónio oxida-se em pentóxido de antimónio. Durante esta reação forma-se também ácido hidriódico. Devido às fortes propriedades redutoras do ácido hidriódico, a oxidação com iodo torna-se reversível. Adiciona-se bicarbonato de sódio para remover o HI.

Procedimento:

Preparação de iodo 0,05M:

Dissolver cerca de 14 gm de iodo 36 gms de iodeto de potássio em 100ml de água. Adicionar 3 gotas de ácido clorídrico e diluir com água até 1000 ml.

Padronização de iodo 0,05M:

Pesar com precisão cerca de 0,15 g de trióxido de arsénio previamente seco a 105° C durante 1 hora e dissolver em 20 ml de NaOH 1M, aquecendo se necessário. Diluir com 40 ml de água. Adicionar 0,1 ml de solução de alaranjado de metilo e adicionar gota a gota HCl diluído até a cor amarela mudar para rosa. Adicionar 2 g de carbonato de sódio, diluir com 20 ml de água e adicionar 3 ml de solução de amido. Titular com solução de iodo até obter uma cor azul permanente. Cada ml de iodo 0,05 M é equivalente a 0,004946 g de trióxido de arsénio.

Padronização do iodo 0,05M

S.N.	Conteúdo do frasco cónico	Leituras de buretas (ml)		Volume de Titulante	Indicador	Ponto final
		Inicial	Final			

Molaridade do iodo 0,05M = <u>Peso da amostra colhida X Molaridade esperada</u> Valor do título x Fator de peso equivalente

Composição do tartarato de antimónio e potássio:

Pesar com precisão cerca de 0,5 g de tartarato de antimónio e potássio e dissolver em 50 ml de água, adicionar cerca de 2 g de bicarbonato de sódio e titular com iodo 0,05 M utilizando mucilagem de amido como indicador. Cada ml de iodo 0,05M é equivalente a 0,01544g de tartarato de antimónio e potássio.

Composição do tartarato de antimónio e potássio

S.N.	Conteúdo do frasco cónico	Leituras da bureta		Volume do titulante (ml)	Indicador	Ponto final
		Inicial	Final			
			28			

A percentagem de pureza   = Valor do título x Molaridade real X Fator de peso da equação Fator X 100

de tartarato de antimónio e potássio

Peso da amostra colhida X Molaridade esperada

Relatório:

A percentagem de pureza da amostra de tartarato de antimónio e potássio é a seguinte

DETERMINAÇÃO DO SULFATO DE BÁRIO[14]

Objetivo:

Determinar a percentagem de pureza de uma determinada amostra de sulfato como sulfato de bário.

Princípio:

É doseado por método gravimétrico que envolve a separação dos componentes a estimar sob a forma de um composto insolúvel de composição conhecida. Baseia-se na precipitação de iões sulfato sob a forma de sulfato de bário por adição de uma solução de cloreto de bário. O sulfato de bário precipita-se como um precipitado branco denso. O ácido também promove o crescimento de cristais grosseiros. A solução é aquecida até à ebulição. Adiciona-se um excesso de solução de cloreto de bário quente para assegurar a precipitação completa e para diminuir a solubilidade do sulfato de bário por efeito de ião comum. A mistura é digerida num banho de água durante meia hora para permitir o crescimento de cristais grandes. O precipitado é lavado, inflamado e seco.

$$BaCl2 + {}_{H2SO4} \longrightarrow BaSO4 + 2HCl$$

Cloreto de   bárioSulfato de bário

Procedimento:

Pesar com precisão cerca de 0,5 g de cloreto de bário, dissolver em 100 ml de água num copo. Adicionar 1 ml de ácido clorídrico conc. e aquecer até à ebulição. Adicionar lentamente um ligeiro excesso de solução quente de ácido sulfúrico 0,5M, com agitação constante. Adicionar um ligeiro excesso de solução quente de cloreto de barim e aquecer durante meia hora em banho-maria. Digerir a mistura em banho-maria até à sedimentação do precipitado. Filtrar; lavar com água quente contendo 2 gotas de ácido sulfúrico por litro. Recolher o precipitado, lavar e incinerar até obter um peso constante. Cada g de resíduo é equivalente a 0,06085 g de sulfato de bário.

Weight of the residue =

Percentage Purity =   **Weight of the residue X Gravimetric Factor**   **X 100**
of Barium sulphate   **Weight of the sample taken**

Percentagem de pureza = de sulfato de bário

Peso do resíduo =

Peso do resíduo X Fator gravimétrico X 100

Peso da amostra colhida

Relatório: A percentagem de pureza da amostra dada de sulfato como sulfato de bário =

PARTE III

ESTIMATIVA DA MISTURA DE
HIDRÓXIDO DE SÓDIO E CARBONATO DE SÓDIO[15]

Objetivo:

Determinar a quantidade de hidróxido de sódio e de carbonato de sódio presentes numa determinada mistura de amostras pelo método de warder.

Princípio:

As misturas de hidróxido de sódio e carbonato de sódio podem ser determinadas pelo método de Warder. Este método utiliza dois indicadores, a fenolftaleína na primeira fase e o alaranjado de metilo na segunda fase, e é conhecido como método do indicador duplo. O pH do carbonato de sódio meio neutralizado na fase de hidrogenocarbonato de sódio é de cerca de 8,3. Quando se adiciona o indicador fenolftaleína à solução da amostra, a solução fica cor-de-rosa devido à alcalinidade da solução. A cor rosa da solução de fenolftaleína desaparece quando todo o NaOH da amostra reage com ácido clorídrico 0,1M e o carbonato de sódio é parcialmente neutralizado a bicarbonato de sódio por reação com o ácido. Registar a leitura da bureta como V_{1ml}.

$$NaOH + HCl \longrightarrow NaCl + H2O$$

$$Na2CO3 + HCl \longrightarrow N\ NaHCO3 + NaCl$$

A solução no balão é alcalina devido à presença de NaHCO3 resultante da meia neutralização do Na_2CO_3. Quando se adiciona o indicador alaranjado de metilo à solução titulada no balão, obtém-se uma cor amarela. Esta solução continua a ser titulada com ácido clorídrico 1M até a cor da solução mudar para vermelho. Registar agora a leitura total da bureta como V_{2ml}.

$$NaHCO3 + HCl \longrightarrow NaCl + H2O + CO2$$

Portanto, (V2-V1) ml de ácido clorídrico 0,1M reagem com o bicarbonato de sódio resultante da meia neutralização do carbonato de sódio. Assim, $2(V_2\text{-}V_1)$ ml de HCl 1M reagem com o carbonato de sódio presente na amostra. Utilizando o fator, calcula-se o carbonato de sódio presente na amostra. Então, $V_2\text{-}2(V_2\text{-}V_1)$ ml de HCl 1M corresponde ao hidróxido de sódio presente na amostra. Se necessário, V2 é utilizado no cálculo da alcalinidade total da solução expressa em NaOH.

Procedimento:

Padronização de HCl 1M:

Pesar com exatidão cerca de 1,5 g de solução anidra de carbonato de sódio previamente aquecida a cerca de 270° C durante uma hora. Dissolver a solução em 100 ml de água e adicionar 0,1 ml de indicador vermelho de metilo. Adicionar lentamente a solução ácida da bureta, com agitação constante, até que a solução se torne bastante rosada. Aquecer a solução até à ebulição e arrefecer. Continuar a titulação, aquecer de novo e titular mais uma vez, se necessário, até que a cor rosa não seja afetada pela ebulição. Cada ml de HCl 1M é equivalente a 0,05299 gms de carbonato de sódio.

Padronização de HCl 1M

S.N.	Conteúdo do frasco cónico	Leituras da bureta (ml)		Volume do titulante (ml)	Indicador	Ponto final
		Inicial	Final			

$$\text{Molarity of HCl} = \frac{\text{Wt. of sample taken X Expected Molarity}}{\text{Titer Value x Equivalent Weight Factor}}$$

Molaridade do HCl

$$\frac{\textbf{Peso da amostra colhida X Molaridade esperada}}{\text{Valor do título x Fator de peso equivalente}}$$

Molaridade do

HCl

Composição do hidróxido de sódio e do carbonato de sódio

Pipetar para um erlenmeyer 20 ml da solução de amostra que contém uma mistura de hidróxido de sódio e carbonato de sódio (0,5 g). Adicionar o indicador fenolftaleína e titular com ácido clorídrico 1M até ao desaparecimento da cor rosa. Registar o volume de ácido clorídrico 1M que reagiu como V1 ml. Adicionar o indicador laranja de metilo à solução no balão e continuar a titulação com ácido clorídrico 1M até a cor amarela da solução mudar para vermelho. Registar a leitura da bureta como V2 ml. $2(V2-V1)$ml corresponde ao volume de ácido clorídrico 1M que reagiu com carbonato de sódio e $[V2-2(V2-V1)]$ml corresponde ao volume de ácido clorídrico 1M que reagiu com hidróxido de sódio e, para exprimir a quantidade total calculada como NaOH, considera-se V2 ml no cálculo.

Cada ml de ácido clorídrico 1M é equivalente a 0,004g de NaOH.

Cada ml de HCl 1M é equivalente a 0,0053g de Na_2CO_3.

Composição do carbonato de sódio

S.N.	Conteúdo do frasco cónico	Leituras da bureta		Volume de Titulante	Indicador	Ponto final
		Inicial	Final			

A quantidade de carbonato de sódio

<u>Valor do título x Molaridade real X Eq.Wt.Facctor X 100</u> Peso da amostra colhida X

Molaridade esperada

Composição do hidróxido de sódio

S.N.	Conteúdo do frasco cónico	Leituras da bureta		Volume do titulante (ml)	Indicador	Ponto final
		Inicial	Final			

A quantidade = <u>Valor do título x Molaridade real X Eq.Wt.Facctor X 100</u>

de hidróxido de sódioPeso   da amostra colhida X Molaridade prevista

Relatório:

A quantidade de hidróxido de sódio presente em 100 ml da solução da amostra dada é   g e

A quantidade de carbonato de sódio presente em 100 ml da solução da amostra dada ég .

ESTIMATIVA DA MISTURA DE ÁCIDO BÓRICO E BÓRAX[16]

Objetivo:

Determinar a quantidade de ácido bórico e de bórax presentes numa determinada mistura de amostras.

Princípio:

O bórax pode ser titulado quer com ácido quer com alcalino. As misturas de bórax com ácido bórico podem ser doseadas por um procedimento de titulação dupla. O bórax pode ser titulado quantitativamente com ácido padrão, desde que o indicador seja insensível ao ácido fraco H_3BO_3.

$$Na_2B_4O_7, 10H_2O + 2HCl \longrightarrow 4H_3BO_3 + 2NaCl + 5H_2O$$

Bórax   Ácido bórico

O ácido bórico libertado (da reação do bórax com o ácido) e o ácido bórico já presente na mistura original da amostra podem então ser titulados com um álcali padrão na presença de glicerol ou manitol.

$$4H_3BO_3 + 4NaOH \longrightarrow 4NaBO_2 + 8H_2O$$

Ácido bórico   Metaborato de sódio

Procedimento:

Padronização de HCl 0,5M:

Pesar com exatidão cerca de 0,5 g de solução anidra de carbonato de sódio previamente aquecida a cerca de 270° C durante uma hora. Dissolver a solução em 100 ml de água e adicionar 0,1 ml de indicador vermelho de metilo. Adicionar lentamente a solução ácida da bureta, com agitação constante, até a solução se tornar bastante rosada. Aquecer a solução até à ebulição e arrefecer. Continuar a titulação, aquecer de novo e titular mais uma vez, se necessário, até que a cor rosa não seja afetada pela ebulição. Cada ml de HCl 0,5M é equivalente a 0,026495 g de carbonato de sódio.

Padronização de HCl 0,5M

S.N.	Conteúdo de Frasco cónico	Bureta Leituras ( )^{ml}		Volume de Titulante (ml)	Indicador	Ponto final
		Inicial	Final			

Molaridade do HCl   **Peso da amostra colhida X Molaridade esperada**

Valor do título x Fator de peso equivalente

Padronização de NaOH 1M:

Pesar 5 g de hidrogenoftalato de potássio previamente seco a 120° C durante 2 horas. Dissolver em 75 ml de água sem CO_2. Adicionar 0,1 ml de fenolftaleína como indicador. Titular com hidróxido de sódio até se observar uma coloração rosa permanente. Cada ml de NaOH 1M é equivalente a 0,2042 g de hidrogenoftalato de potássio.

Padronização de NaOH 1M

S.N.	Conteúdo de Frasco cónico	BuretaLeituras $(\ )^{ml}$		Volume do titulante (ml)	Indicador	Ponto final
		Inicial	Final			

Molaridade do NaOH = Peso da amostra colhida X Molaridade esperada

Valor do título x Fator de peso equivalente

Etapa 1: (doseamento do bórax)

Transferir 20,0 ml da mistura de amostra dada contendo bórax e ácido bórico para um erlenmeyer e titular com ácido clorídrico 0,5M usando vermelho de metilo como indicador. Registar o volume de ácido clorídrico 0,05M necessário. Repetir a titulação e os volumes de ácido não devem diferir entre si em mais de 0,05 ml. Registar o volume de ácido 0,5M que reagiu como V_1ml. Cada ml de HCl 0,5M é equivalente a 0,09535g de $Na_2B_4O_7, 10H_2O$.

Ensaio de bórax

S.N.	Conteúdo de Frasco cónico	Leituras da bureta		Volume de Titulante	Indicador	Ponto final
		Inicial	Final			

A quantidade de bórax

= **Valor do título x Molaridade real X Eq.Wt.Facctor**

Peso da amostra colhida X Molaridade esperada

Etapa 2: (doseamento do ácido bórico)

Transferir exatamente 20,0 ml da mistura original da amostra contendo bórax e ácido bórico para um erlenmeyer, adicionar exatamente o volume de ácido que reagiu na etapa I e misturar bem. Adicionar 25 ml de glicerina neutralizada, misturar e titular com hidróxido de sódio 0,5 M utilizando fenolftaleína como indicador. Registar o volume de hidróxido de sódio 0,5M que reagiu como v2ml. Cada ml de hidróxido de sódio 0,5M é equivalente a 0,03092g de H3BO3.

Ensaio do ácido bórico

S.N.	Conteúdo de Frasco cónico	Leituras da bureta		Volume de Titulante	Indicador	Ponto final
		Inicial	Final			

The Amount of Boric Acid = $$\frac{\text{Titer Value x Actual Molarity X Eq.Wt.Facctor}}{\text{Weight of Sample Taken X Expected Molarity}}$$

O montante

de ácido bórico

$$\frac{\text{Valor do título x Molaridade real X Eq.Wt.Facctor}}{\text{Peso da amostra colhida X Molaridade esperada}}$$

Relatório: g de solução de bórax e mistura. g de ácido bórico estão presentes em 100ml da amostra dada

PREPARAÇÃO DE ÁCIDO BÓRICO[17]

Fórmula molecular: H3BO3 Massa molecular: 61,83

Objetivo:

Para preparar o ácido bórico a partir do bórax.

Procedimento:

O ácido bórico é produzido pela decomposição de boratos nativos com ácido sulfúrico. Pesar cerca de 20 g de bórax para um copo com 60 ml de água e deixar ferver. A esta solução em ebulição, adicionar uma mistura de ácido sulfúrico concentrado (5 ml) e água (20 ml). Filtrar o líquido quente e reservar para a cristalização. Filtrar o ácido bórico, lavar sem sulfatos e deixar secar à temperatura ambiente.

$$Na_2B_4O_7 + H_2SO_4 + 5H_2O \longrightarrow Na_2SO_4 + 4H_3BO_3$$

Borato de   sódioÁcido bórico

Propriedades: O ácido bórico é um pó branco cristalino, gorduroso ao tato, inodoro mas ligeiramente amargo

gosto com um ligeiro travo adocicado. É solúvel em água, mas também em água a ferver, em álcool e muito solúvel em glicerina. As soluções aquosas são ligeiramente ácidas.

Utilização: É um anti-infecioso local fraco e é utilizado em pós para limpeza, cremes anti-sépticos locais, pomadas

loções, etc... É utilizado na preparação de soluções tampão.

Relatório: O rendimento prático do ácido bórico é   g.

PREPARAÇÃO DE SULFATO DE MAGNÉSIO[18]

Fórmula molecular: $MgSO_4,7H_2O$ Massa molecular   : 246,5

Objetivo:

Para preparar sulfato de magnésio a partir de carbonato de magnésio.

Procedimento:-

Transferir 20 ml de ácido sulfúrico diluído (10% p/p) para um copo e aquecê-lo em banho-maria. Neutralizar este ácido sulfúrico diluído quente adicionando pequenas quantidades de carbonato de magnésio e agitando. O sulfato de magnésio passa para a solução. O líquido é filtrado e o filtrado é evaporado até à cristalização.

$$MgCO_3 + H_2SO_4 \longrightarrow M\ MgSO_4 + H_2O + CO_2$$

Carbonato de   magnésioSulfato de magnésio

Propriedades:

Trata-se de um pó cristalino incolor ou branco, solúvel em água.

Utilizar:

É utilizado como laxante salino e em caso de deficiência de electrólitos, tal como outros sais de magnésio.

Relatório: O rendimento prático do sulfato de magnésio é g.

TESTE DE PUREZA
PODER DE INCHAMENTO DA BENTONITE[19]

Objetivo:

Determinar o poder de inchamento de uma determinada amostra de bentonite.

Princípio:

A bentonite é um silicato de alumínio natural, coloidal e hidratado, praticamente insolúvel em água, mas que incha até cerca de 12 vezes o seu volume quando adicionado à água. É utilizada como agente de suspensão em várias preparações farmacêuticas.

A bentonite é um silicato de alumínio hidratado complexo com componentes catiónicos permutáveis: $(Al, Fe, Mg)Si_4O_{10}(OH)_2(Na^+, Ca^{++})$. Existe sob a forma de pequenas placas que, quando hidratadas, se separam para formar uma suspensão coloidal com uma enorme área de superfície. A sua atividade subsequente em solução é semelhante à de uma molécula multiplicada, linear, de cadeia longa e carregada negativamente.

Quando a água é adicionada à bentonite, cada partícula é envolvida por uma camada de água. Isto produz uma partícula várias vezes maior do que a partícula original. O inchaço da massa resulta no facto de a bentonite poder absorver até 5 vezes o seu peso de água. O seu volume pode aumentar de 12 a 15 vezes. A bentonite é insolúvel mas incha numa massa homogénea.

Para determinar o poder de inchamento, a amostra é adicionada em pequenas quantidades, com um intervalo de 2 minutos, a uma solução de lauril sulfato de sódio numa proveta graduada de 100 ml. O lauril sulfato de sódio actua como um agente molhante que promove a compatibilidade entre a bentonite insolúvel e a água.

Procedimento:

Adicionar 2,0 g em vinte porções, com um intervalo de 2 minutos, a 100 ml de uma solução a 1% p/v de lauril sulfato de sódio numa proveta graduada de 100 ml com cerca de 3 cm de diâmetro. Deixar assentar cada porção antes de adicionar a seguinte e deixar repousar durante 2 horas. (**Limite:** o volume aparente do sedimento no fundo da proveta não deve ser inferior a 24 ml).

Relatório:

O volume aparente do sedimento no fundo da proveta é   ml.

CAPACIDADE DE NEUTRALIZAÇÃO DE ÁCIDOS DO GEL DE HIDRÓXIDO DE ALUMÍNIO[20]

Objetivo:

Determinar a capacidade de neutralização de ácidos de uma determinada amostra de gel de hidróxido de alumínio.

Descrição:

É também conhecido como suspensão de hidróxido de alumínio, mistura de hidróxido de alumínio. O gel de hidróxido de alumínio é uma suspensão aquosa de óxido de alumínio hidratado, juntamente com quantidades variáveis de carbonato e bicarbonato de alumínio básico. Pode conter glicerina, sorbitol, sacarose ou sacarina como agentes edulcorantes e óleo de hortelã-pimenta ou outros aromas adequados. Pode também conter agentes antimicrobianos adequados. É utilizado como antiácido de ação lenta e tem a vantagem de não ser absorvido no trato gastrointestinal e de não gerar dióxido de carbono. O gel de hidróxido de alumínio contém no mínimo 3,5 % e no máximo 4,4 % p/p de Al2O3.

Princípio:

Os antiácidos são comparados quantitativamente em termos de capacidade de neutralização do ácido. Esta é definida como o número de miliequivalentes de ácido clorídrico necessários para manter 1 ml de uma suspensão antiácida a pH 3 durante 2 horas in vitro. 5 ml de gel de hidróxido de alumínio neutralizarão 6,5 miliequivalentes de ácido em 60 minutos. A capacidade de neutralização é avaliada através de medições, a intervalos sucessivos, do pH da suspensão do material no meio, que é aproximadamente 0,1 M relativamente ao ácido clorídrico. Durante todo o processo, a mistura é mantida à temperatura corporal (37^0 C) num banho termostatizado e a medida final da capacidade de neutralização é efectuada, após aumento da concentração do ácido e manutenção da mistura a 37^0 C durante uma hora, por titulação com hidróxido de sódio 0,1 M.

Procedimento:

Dispersar 5,0 g em 100 ml de água, aquecer a 37^0 C, adicionar 100,0 ml de ácido clorídrico 0,1 M previamente aquecido a 37^0 C e agitar continuamente, mantendo a temperatura a 37^0 C. O pH da solução, a 37^0 C, após 10, 15 e 20 minutos, não é inferior a 1,8, 2,3 e 3,0, respetivamente, e em nenhum momento é superior a 4,5. Adicionar 10,0 ml de ácido clorídrico 0,1 M previamente aquecido a 37^0 C, agitar continuamente durante 1 hora mantendo a temperatura a 37^0 C e titular com hidróxido de sódio 0,1 M até pH 3,5.

Relatório:

1. O pH da solução, após 10, 15 e 20 minutos, é (**não inferior a**

1.8) **(Não inferior a 2,3) (Não inferior a 3,0)**

respetivamente.

2.   O gel de hidróxido de alumínio dado consumiumlde   NaOH 0,1 M para se transformar

em

pH 3,5 **(Limite: não mais de 50,0 ml)**.

TESTES DE IDENTIDADE
PESQUISA DE SULFATO DE BÁRIO[21]

Objetivo:

Identificar a amostra dada através de uma análise qualitativa

1. Solubilidade: Praticamente insolúvel em água.

2. Ensaio de chama: Confere uma cor verde-amarelada a uma chama não luminosa que parece azul quando vista através de um vidro verde.

3. Ferver 0,2 g da substância com 5 ml de uma solução a 50% p/v de carbonato de sódio durante 5 minutos, adicionar 10 ml de água e filtrar.

BaS04 + Na_2CO_3 >**BaCO3** + Na_2SO_4

a. Dissolver o resíduo ($BaCO_3$) do filtro em 5 ml de ácido clorídrico diluído e 2 ml de ácido sulfúrico diluído. Forma-se um precipitado branco ($BaSO_4$), insolúvel em ácido nítrico.

BaCO3 + H_2SO_4 $\longrightarrow$ $BaSO^\wedge H_2O$ + CO_2

b. Efetuar os seguintes ensaios com o filtrado obtido.

i) A uma parte do filtrado, adicionar 1 ml de ácido clorídrico diluído e 1 ml de bário solução de cloreto. forma-se um precipitado branco ($BaSO_4$ separa-se)

$SO_4^{2-} + Ba^{2+} \longrightarrow BaSO_4\psi$

ii) Adicionar 1 ml de solução de acetato de chumbo a outra parte do filtrado. Forma-se um precipitado branco ($PbSO_4$). É solúvel em solução de acetato de amónio e em solução de hidróxido de sódio.

$SO_4^{2-} + Pb^{2+} \longrightarrow PbSO_4$

Relatório:

ENSAIO PARA DETECÇÃO DE SULFATO FERROSO[22]

Objetivo:

Identificar a amostra dada através de uma análise qualitativa

1. **Solubilidade:** Solúvel em água.

2. Dissolver 0,2 g da substância em 25 ml de água e efetuar os seguintes ensaios.

i) A 2 ml da solução da amostra, adicionar 2 ml de ácido sulfúrico diluído e 1 ml de uma solução a 0,1 % p/v

solução de 1, 10-fenantrolina. Desenvolve-se uma cor vermelha intensa (formação de ferroína). A cor vermelha desaparece com a adição de um ligeiro excesso de sulfato de amónio cérico 0,1 M (os iões ferrosos do complexo ferroína oxidam para o estado férrico).

ii) A 1 ml da solução de amostra, adicionar 1 ml de solução de ferricianeto de potássio Azul da Prússia

forma-se um precipitado (formas de cianeto ferroso de potássio, azul da prússia). É insolúvel em ácido clorídrico diluído e decompõe-se com uma solução de hidróxido de sódio (precipitação de hidróxido férrico).

$$3FeSO_4 + 2K_3[Fe(CN)_6] \longrightarrow KFe[Fe(CN)_6] + K_2SO_4$$

(cianeto ferroso de potássio) (cianeto ferroso   de potássio)

iii) A 1 ml da solução da amostra, adicionar 1 ml de solução de ferrocianeto de potássio $[K_4Fe(CN)_6]$. Forma-se um precipitado branco (ferrocianeto ferroso de potássio $\{K_3Fe[Fe(CN)_6]\}$) que se transforma num precipitado azul (devido à oxidação em ferrocianeto ferroso de potássio). É insolúvel em ácido clorídrico diluído.

$$2FeSO_4 + K_4[Fe(CN)_6] \longrightarrow K_2Fe[Fe(CN)_6]^+ + K_2SO_4 \longrightarrow KFe[Fe(CN)_6]$$

(ferro cianeto ferroso de potássio)   (azul da Prússia)

iv) A 5 ml da solução de amostra, adicionar 1 ml de ácido clorídrico diluído e 1 ml de solução de cloreto de bário. Forma-se um precipitado branco ($BaSO_4$).

$$SO_4^- + Ba^{++} \longrightarrow BaSO_4\downarrow$$

v) Adicionar 1 ml de solução de acetato de chumbo a 5 ml da solução de amostra. Forma-se um precipitado branco ($PbSO_4$). É solúvel em solução de acetato de amónio e em solução de hidróxido de sódio.

$$SO_4^- + Pb^{++} \longrightarrow PbSO_4\downarrow$$

Relatório:

PESQUISA DE CLORETO DE POTÁSSIO[23]

Objetivo:

Identificar a amostra dada através de uma análise qualitativa

1. Solubilidade: Muito solúvel em água.

2. Dissolver 100 mg da substância em 25 ml de água e efetuar os seguintes ensaios.

i) A 2 ml da solução de amostra, adicionar 1 ml de ácido acético diluído e 1 ml de uma solução recentemente preparada

Solução a 10%w/v de cobaltinitrito de sódio. Forma-se um precipitado amarelo ou amarelo-alaranjado (cobaltinitrito de potássio.

$$3KCl + Na_3[Co(NO_2)_6] \longrightarrow K_3[Co(NO_2)_6] + 3NaCl$$

(Nitrito de cobalto e potássio)

ii) Aquecer 2 ml da solução de amostra com 1 ml de solução de carbonato de sódio. Não há precipitado

formas. Arrefecer em gelo, adicionar 2 ml de uma solução a 15% w/v de ácido tartárico e deixar repousar. Forma-se um precipitado cristalino branco (separa-se o hidrogenotartarato de potássio, $KHC_4H_4O_6$)

$$KCl + H_2C_4H_4O_6 \longrightarrow KHC_4H_4O_6 + HCl$$

(Tartarato ácido de potássio)

iii) A 2 ml da solução de amostra, adicionar 1 ml de ácido nítrico diluído, 0,5 ml de solução de nitrato de prata, agitar e deixar repousar. Forma-se um precipitado branco (AgCl). É solúvel em meio alcalino com uma solução diluída de amoníaco.

$$Cl^- + Ag^+ \longrightarrow AgCl \downarrow$$

3. Num tubo de ensaio, adicionar 0,2 g de dicromato de potássio e 1 ml de ácido sulfúrico a alguns mg de amostra. Colocar uma tira de papel de filtro humedecida com 0,1 ml de solução de difenilcarbazida sobre a boca do tubo de ensaio. O papel torna-se vermelho-violeta. Não colocar o papel humedecido em contacto com a solução de dicromato de potássio [o cloreto de potássio reage com a mistura de dicromato de potássio e ácido sulfúrico, dando origem a vapores vermelhos profundos de cloreto de cromilo (CrO_2Cl_2)].

K2Cr2O7 + 4 NaCl + 6H2SO4 $\longrightarrow$ 2CrO2Cl2 +2KHS04+4NaHS04+3H20

(Cloreto de cromilo)

CrO2Cl2 + H2O+Difenilcarbazida $\longrightarrow$ Cor vermelha violeta

Relatório:

Referências

1. Indian Pharmacopoeia 2022, Volume I, The Indian Pharmacopoeia Commisiion, Gaziabad, 172.

2. Indian Pharmacopoeia 2022, Volume I, The Indian Pharmacopoeia Commisiion, Gaziabad, 174.

3. Química Farmacêutica Prática por A.H. Beckett, J.B. Stenlake, Quarta Edição - Parte um, CBS Publishers and Distributors, P.No: 34, 2006.

4. IndianPharmacopoeia2022 , VolumeI , TheIndianPharmacopoeia Commisiion, Gaziabad, 172.

5. IndianPharmacopoeia2022 , VolumeI , TheIndianPharmacopoeia Commisiion, Gaziabad, 172.

6. IndianPharmacopoeia2022 , VolumeI , TheIndianPharmacopoeia Commisiion, Gaziabad, 172.

7. Pharmaceutical TitrimetricAnalysis (Theory &Practical) A.A. Napoleon, Kalaimamani

Editores e Distribuidores, 2006, 11.24

8. Química farmacêutica prática, por A.H. Beckett, J.B. Stenlake, quarta edição - primeira parte, CBS Publishers and Distributors, 2006, 195.

9. Pharmaceutical Chemistry - Inorganic, G.R. Chatwal, Himalaya Publishing House, 2017, 463.

10. Indian Pharmacopoeia 2022, Volume I, The Indian Pharmacopoeia Commisiion, Gaziabad, 4051.

11. Pharmaceutical Chemistry - Inorganic (Química Farmacêutica - Inorgânica), G.R. Chatwal, Himalaya Publishing House, 2017, 465.

12. Indian Pharmacopoeia 2022, Volume I, The Indian Pharmacopoeia Commisiion, Gaziabad, 3600.

13. Bentley & Driver's Text book of Pharmaceutical Chemistry, Eighth Edition, Revised by LM Atherden, 2005,260.

14. Pharmaceutical Titrimetric Analysis (Theory & Practical) A.A. Napoleon, Kalaimamani Publishers & Distributors, 2006, 11.68.

15. Practical Pharmaceutical chemistry por A.H. Beckett, J.B. Stenlake, Fourth Edition - Part one, CBS Publishers and Distributors, 2006, 151.

16. Practical Pharmaceutical chemistry, de A.H. Beckett, J.B. Stenlake, Fourth Edition - Part one, CBS Publishers and Distributors, 2006, 150.

17. Química Farmacêutica - Inorgânica, G.R. Chatwal, Himalaya Publishing House, 2017,

460.

18. Química Farmacêutica - Inorgânica, G.R. Chatwal, Himalaya Publishing House, 2017, 460.

19. Indian Pharmacopoeia 2022, Volume I, The Indian Pharmacopoeia Commisiion, Gaziabad, 1590.

20. Indian Pharmacopoeia 2022, Volume I, The Indian Pharmacopoeia Commisiion, Gaziabad, 1409.

21. Indian Pharmacopoeia 2022, Volume I, The Indian Pharmacopoeia Commisiion, Gaziabad, 168.

22. Indian Pharmacopoeia 2022, Volume I, The Indian Pharmacopoeia Commisiion, Gaziabad, 168.

23. Indian Pharmacopoeia 2022, Volume I, The Indian Pharmacopoeia Commisiion, Gaziabad, 164.

Printed by Books on Demand GmbH, Norderstedt / Germany